[美] 威廉·D. 亚当斯 著
黎雅途 译

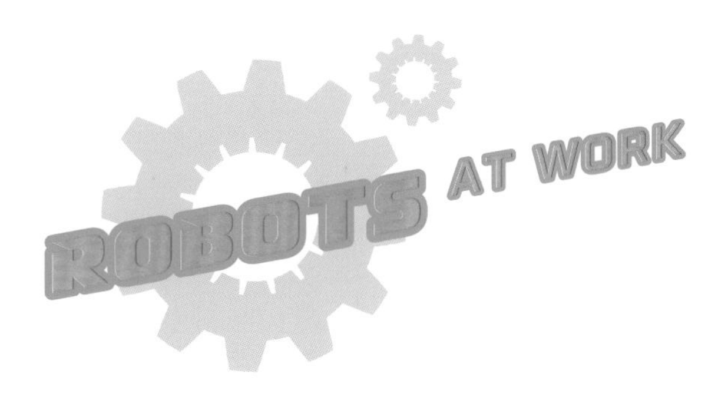

中国出版集团
世界图书出版公司

机器人的工作多种多样——

有的机器人可以在工厂里组装零件、运输物品，

有的机器人能在矿区采矿、自动装卸，

有的机器人能在农田里收割、采摘，

还有的机器人能检查管道、桥梁呢！

Robots: Robots at Work

目录

Contents

术语表的词汇在正文中首次出现时为黄色。

又闷又脏又危险的工作

想象一下，你在流水线上一遍又一遍地做着简单又枯燥的工作，你在尘土飞扬、随时有落石的矿井里危险作业……这些工作听着就又闷又脏又危险。幸运的是，机器人很擅长重复的工作，可以在流水线上一遍又一遍地做着简单又枯燥的工作，日复一日，年复一年；机器人能完成我们无法完成或有害我们健康的工作。随着机器人技术的进步，

无聊的工作

给成千上万的金枪鱼罐头“写”日期，这听起来就很无聊，但机器人丝毫不介意，它们干劲十足，可以很好地完成这份工作。

危险的工作

机器人可以从事焊接等有危险性的工作，工人只需要远远地看着就可以。

机器人可以到我们无法到达的地方，或完成我们无法完成的任务，机器人可以胜任的工作越来越多。

这本书会向大家介绍一些辛勤劳动的机器人，以及它们是如何工作的，工作中它们会遇到哪些困难……

机器人的“关节”

工业机器人的大小各异，但在工厂的位置是固定的，工业机器人固定在一个地方等待传送装置将物品送到面前。虽然，工业机器人固定在一个地方，但是它依旧需要“关节”来干活。

与人类的关节不同，工业机器人的“关节”可以自由组合，一般根据工作需求为工业机器人安装不同的“关节”。在机器人中，常见的“关节”有回转关节和平移关节。回转关节可以弯曲或转动，就像我们的膝关节和腕关节一样；平移关节可以沿着轨道延伸或移动。通常，工业机器人最少有3个“关节”，以保证基本的工作能力。

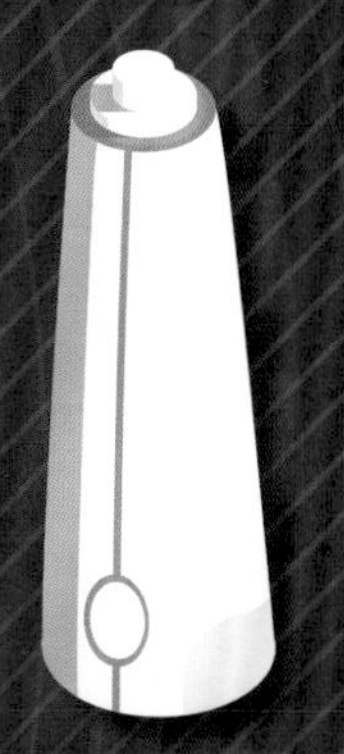

机器人的“关节”

回转关节（左图）工作时，一个部件相对于另一个部件发生旋转；平移关节（右图）工作时，一个部件沿着轨道延伸或移动。很多机器人都安装了这两种“关节”。

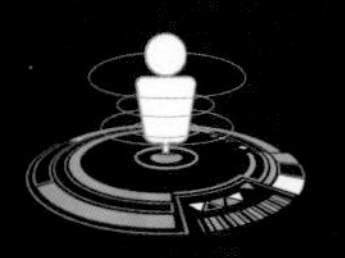

“你好，我叫

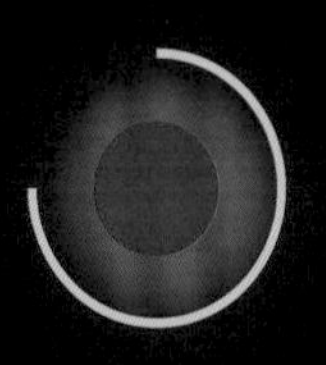

Unimate！”

Unimate是第一个工业机器人。1961年，Unimate在美国的一家汽车组装厂首次亮相。Unimate是一种球形机器人，身上有1个平移关节和2个回转关节，这些“关节”共同组成了一个壳状结构。现在，大部分的工业机器人已经不是这个样子了。

Unimate是第一款进入公众视野的工业机器人，它不仅会给公众做一些有趣的展示，还上电视呢！

自主性

中

在发明 Unimate 的那个时候，技术还没有现在这么先进，Unimate 的自主性是一个重大突破。现在，机器人由更先进的计算机驱动，实现了更高的自主性。

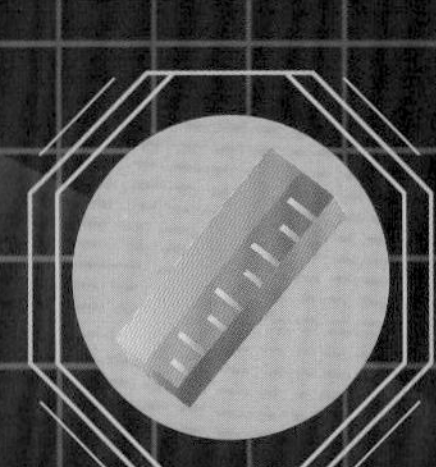

重量

Unimate 是个强壮的家伙，有 1200 千克重。

制造商

Unimate 由美国 Unimation 公司制造。

招人喜欢的工作伙伴

虽然过了很久 Unimate 才流行起来，但在已经配备了 Unimate 的工厂里，大家都很快喜欢上了 Unimate。不过，Unimation 公司没有把 Unimate 卖给正在裁员的公司，担心引起人们的不满。

关节型机器人

关节型机器人是工业机器人家族中最吃苦耐劳的成员。通常关节型机器人有 3 个或更多的回转关节，这样它们就能更好地工作。

关节型机器人的形状各异、大小不同，需要配备不同的驱动器完成不同的任务。关节型机器人可以焊接、搬运、打磨金属、组装部件和处理食物等。

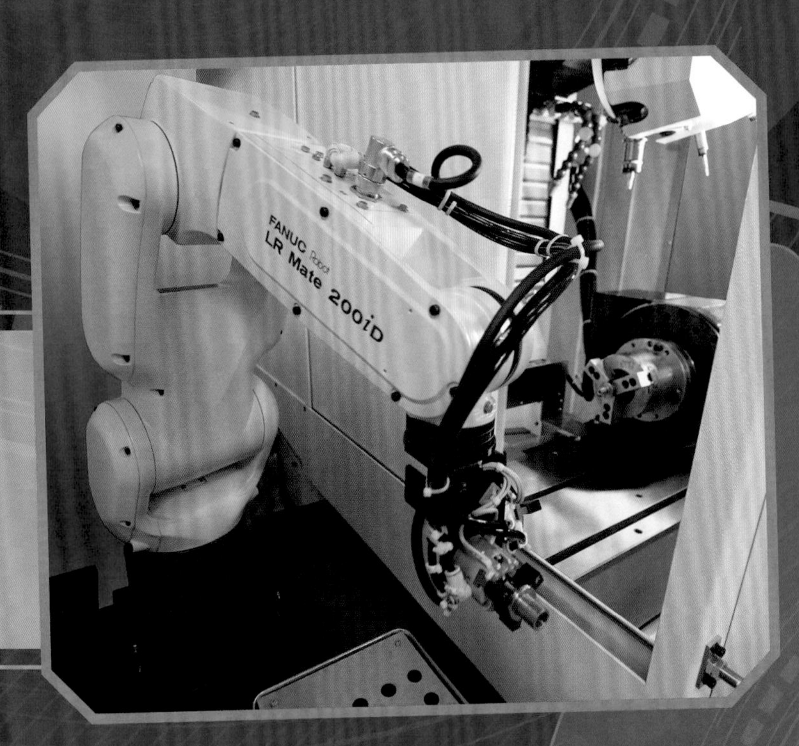

关节型机器人实际上是一种机械臂，通过弯曲、扭转、伸展等完成工作。

关节型机器人可以从事任何工作，这个关节型机器人正在给汽车喷漆。

一些关节型机器人负责包装已经制作好的产品，然后放到运输托盘（标准的运输托盘的尺寸是 100cm×120cm）上，便于发货。

直角坐标型机器人和桁架式机器人

你玩过抓娃娃机吗？投币后，我们可以移动夹爪，去抓想要的娃娃。在工业机器人中，直角坐标型机器人和桁架式机器人就像大型的抓娃娃机一样，是关节型机器人。

直角坐标型机器人有 3 个平移关节，这三个平移关节可以在轨道上滑动，“关节”之间互相成 90°角。这种机器人简单又高效，但也是因为设计比较简单，直角坐标型机器人只能捡起小物品。

桁架式机器人与直角坐标型机器人类似，在一边或两边的水平轴上额外装有轨道，这些轨道可以支撑机器人的重量。这种设计使机器人的动作更精细、承重更大。桁架式机器人通常较大，被固定在工厂地板上。

桁架式机器人看着就像起重机。看，仓库里的桁架式机器人正在把货物堆放整齐呢!

SCARA机械臂

在我们的生活中，电路板随处可见，电路板的需求迅速增长，工厂想出了各种办法加快生产速度，而SCARA机械臂就提供了极大的帮助。

会素描的SCARA机械臂

SCARA机械臂最突出的特点就是精准操作，这个机器人还想当个艺术家呢！

SCARA 机械臂非常适合做小范围内高精度的任务（比如打包或处理小物件）。

SCARA 机械臂有 2 个绕同一轴旋转的回转关节，和 1 个让末端执行器升降的平移关节。虽然这样的设计让 SCARA 机械臂的工作范围比其他工业机器人的要小得多，但可以更加精准地操作，SCARA 机械臂非常适合处理类似制作电路板的精细工作。

并联机器人

并联机器人是一种外形奇特的工业机器人。每个并联机器人有 3~4 只手臂，每只手臂的基座上都有一个回转关节的驱动器，所有手臂连接到同一个末端执行器上。

因为所有手臂都连在一起，并联机器人的工作范围较小。并联机器人的手臂连在一起有什么好处呢？并联机器人可以把散落在传输带上的物品捡起来，摆放整齐，并打包；在移动小物件时，并联机器人可以旋转小物件，使所有小物件都朝一个方向……所以，并联机器人能够在工作范围内非常快、非常准确地移动小物件。

并联机器人可以像闪电一样，飞快地将这些零件整理，并摆放好。

工业机器人
面临的挑战：
和人类
一起工作

有时，和工业机器人一起工作是非常危险的。在工作时，工业机器人的力度很大，只能感应出物体的变化，感应不到周围工人的情况。如果人类进入了工业机器人的工作范围，就会被工业机器人甩动的机械臂重重地打倒。在设计工业机器人的时候，工程师会想各种各样的办法，保障和工业机器人一起工作的工人的安全。工业机器人一般会被放进笼子里，但这并不是把工业机器人关起来，而是为了让工业机器人与人类保持安全距离。

安全问题

为了确保安全，与工业机器人一起工作时，工人会更加注意，并且穿戴好防护装备。

大部分工业机器人都有一个训练模式，在这个模式下，电动机的转动速度会放缓，工作力度会减小，工程师可以进笼子里，查看工业机器人是否按照设定正常运转。

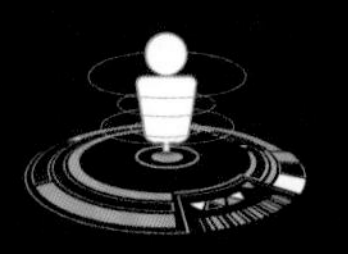

“你好，我是

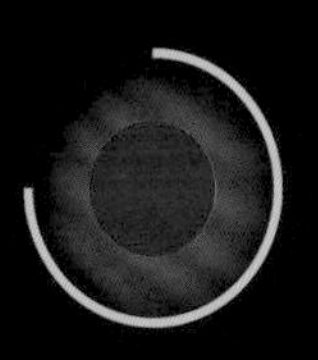

熄灯工厂！”

以前，预防工业机器人伤人的方法是把工业机器人关在一个笼子里，但这并不是最好的方式，最好的方式应该是建立一个全是机器人的工厂。日本 FANUC 株式会社是世界上唯一一家由机器人生产机器人的公司，在日本有 22 家这样的工厂，每个工厂的工人都不超过 5 个，还有一些员工可远程监控机器人的工作情况。日本 FANUC 株式会社的工厂有一个绰号，叫“熄灯工厂”。

自主性

高

在日本FANUC株式会社的工厂里，大约80%的生产流程都由工业机器人完成，这样的工厂在无人值守的情况下可以运行30天。工程师只需要按照工作需求安排好工业机器人的位置，工人把原材料送到工厂，工业机器人就会一直工作，直到用完原材料或没有存放产品的空间时，工业机器人才会停下来。

“熄灯工厂”

在日本FANUC株式会社的工厂里很少有工人工作。为了节能，工厂一般不开灯，工业机器人在黑暗中也能熟练地工作。

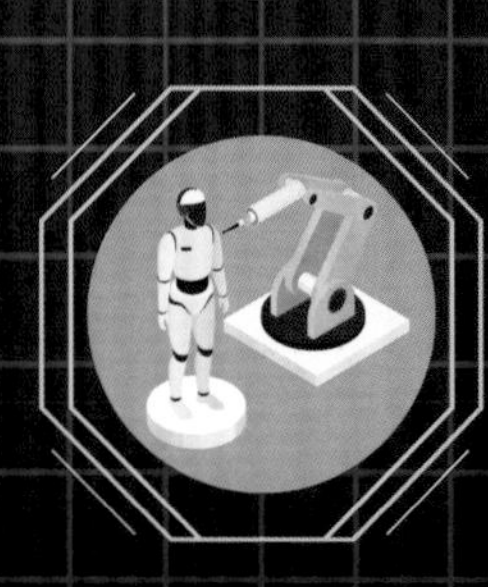

产量

日本FANUC株式会社的2000个工业机器人每年可以生产250000多个机器人。

协作机器人

我们知道，与工业机器人一起工作是有一定危险性的，为了让工业机器人和人类一起工作，成为好同事，工程师制造了一种新的机器人——协作机器人。协作机器人身上安装了传感器，可以感应到工人。当感应到有人靠近时，协作机器人

协作机器人Sawyer是由美国Rethink Robotics公司生产的，它的头部有一个显示眼睛的屏幕，这样人类可以看到Sawyer正在看什么。

会放缓动作速度、停下动作或改变运动方向，这些协作机器人还能接受人类的训练。相比于其他工业机器人，协作机器人的安全性更高、动作更灵活，适合更多的工厂。不久的将来，在越来越多的工厂里，我们都可以看到协作机器人和工人一起工作的身影。协作机器人完成工作中困难或枯燥重复的部分，工人的工作就变得轻松有趣了。

工作接力

在工厂里，Sawyer 仔细检查着其他工人处理的零件，然后将合格的零件放入焊接机里。

自动导引车

自动导引车(英文缩写为“AGV”)负责在工厂或仓库里搬运货物。通常，我们认为自动导引车不是工业机器人，但它经常和工业机器人并肩作战。工厂里使用的自动导引车有牵引车和自动叉式升降机等。牵引车，又称拖车，有好几辆车那么长，可以拖动成吨的货物。自动叉式升降机负责搬运货物，它的长叉子能伸到几米以外的货物托盘下，然后举起托盘，运送到其他地方。

牵引车在工厂或仓库里搬运货物。

自动叉式升降机
可以举起整个托盘，
把货物摆到货架上。

技术性失业

机器人是不是太擅长工作了呢？有的人担心自动化、机器人和人工智能的不断发展会使很多人失业。如果自动驾驶技术日渐完善，自动驾驶出租车将会大量涌入，这不仅会让很多出租车司机失去工作，还会让很多汽车维修厂和加油站的工作人员失业。

有的职业可能会因为自动化的出现彻底消失，但是大部分工作无法被完全取代。机器人可以处理工作中那些重复和无聊的部分，而我们去做那些需要灵活处理的环节。有了自动化技术和机器人的帮助，同样数量的工人可以完成更多的工作。随着工作环境中机器人的数量越来越多，社会上会出现更多的机器人工程师、机器人程序员和机器人技工。

不需要工人的工厂

在这个车间里，我们看不到工人的身影，工作都是由机器人完成的。

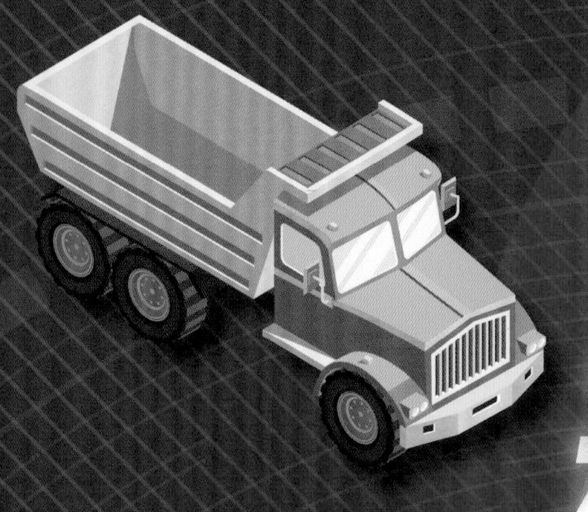

采矿机器人

采矿的地方一般离市区较远，工人只能住在矿区，过着无聊的生活，而采矿公司也要为安顿工人付出一定的成本。实现自动化采矿，可以大幅减少在矿区上班或留在矿区居住的工人数量。

采矿机器人

这个采矿机器人正在矿区里铲石头。

装上货物 奔向目的地

大型无人驾驶的自动卸载卡车在一个采石场运输矿石。矿区、采石场这一类的场所地广人稀，没什么车辆，无人驾驶汽车可以在道路上自由地行驶。

在地面矿区工作的机器人可以通过全球定位系统（英文简称为“GPS”）确定自己的位置。但是GPS不能在地下工作，还有很多其他类型的传感器也不能适应地下矿区的恶劣环境。工程师给机器人的摄像机装上了防护装置，还给机器人安装了一种特殊的软件，这种软件模拟了老鼠的大脑，让机器人可以在恶劣多变的采矿环境中找到前进的道路。

还有一些比地下矿区更难去的地方（比如海底或小行星），在这些地方可以找到宝贵的矿物。如果采矿可以完全自动化，到这些地方采矿就很合算了。

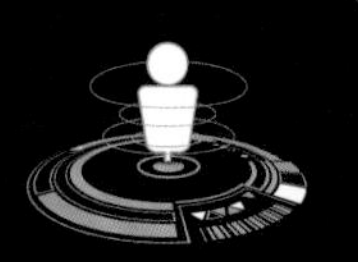

“你好，我叫

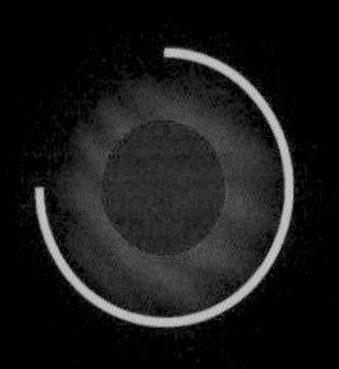

卡特彼勒793F！”

卡特彼勒 793F 是一辆大型的矿用自动卸载卡车，通过编程可以自动工作。除了加油和修理维护外，这辆无人驾驶的卡车从不休息，所以它比需要人类驾驶的卡车的效率高 20%。迄今为止，卡特彼勒 793F 已经运载了超过 3.6 亿吨的矿石，而且无人员伤亡。

自主性

高

这辆“庞然大物”——卡特彼勒793F能停在挖掘机旁，当卡特彼勒793F装满矿石后，就会直接到达指定地点，并把这些矿石倾倒下去。行驶途中，卡特彼勒793F还能自动避让车辆和人类。

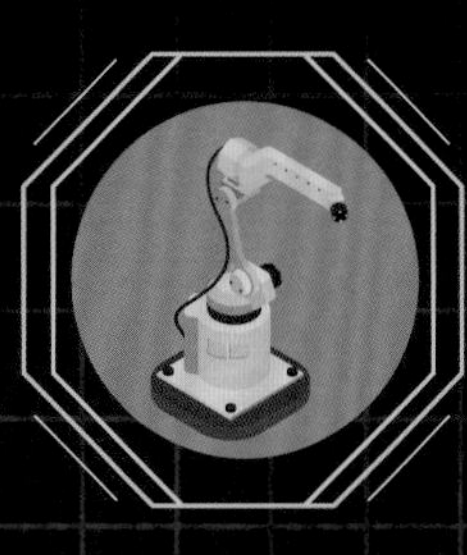

制造商

由美国卡特彼勒公司制造。美国卡特彼勒公司还生产了其他无人驾驶的自动卸载卡车，这些卡车的系统能兼容竞争对手的卡车。

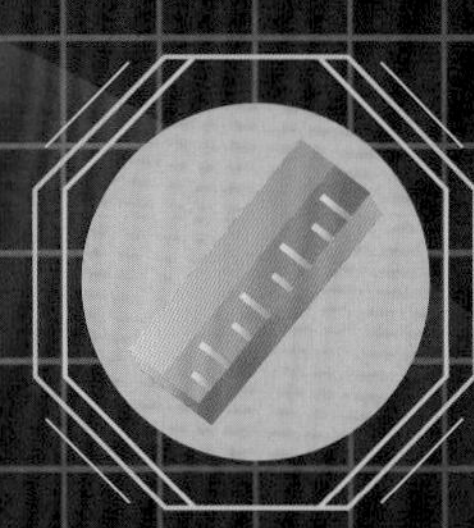

大小

重量为170000千克，高度为6.5米，长度为13.7米。

额定载重量

227吨，卡特彼勒793F运载世界上最大的动物——蓝鲸都绰绰有余。

农业机器人

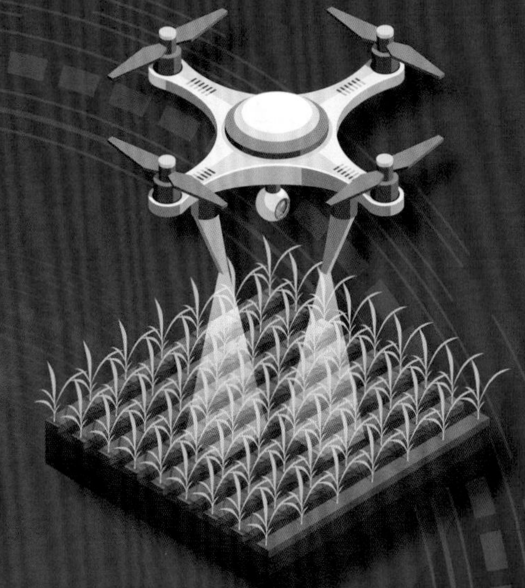

现在，农业的很多环节已经实现自动化。自20世纪90年代末，很多拖拉机和联合收割机都安装了GPS接收器，帮助农民更好地控制这些机器。随着机器视觉系统和其他传感器技术的进一步发展，工程师正在设计无人驾驶拖拉机和其他自动化农业设

轻松种地

无人驾驶拖拉机可以在没有农民的情况下，完成种植、施肥和收割。

<<<<<

无人驾驶飞机正在帮农民巡视田地。

备。有了这些设备的帮助，农民可以在很短的时间内完成播种和收割。如果工作需要，农业机器人可以一天工作 24 小时，无须休息。

除了无人驾驶的农业设备外，机器人在其他方面还帮助了农民。随着机器视觉系统的发展，无人驾驶拖拉机还可以精确除草、杀害虫。这样杀虫剂的用量就可以减少，降低农业成本和杀虫剂对环境的污染。

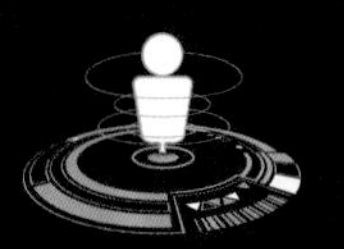

“你好，我叫

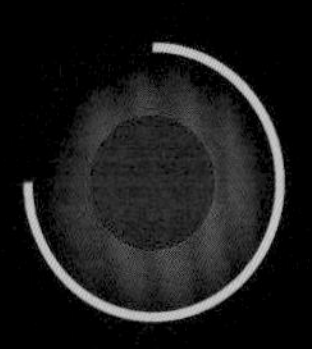

Rowbot！”

农民们在地里种植一排排的玉米，玉米长得很快，在种植后不久拖拉机就不能开进玉米地了。玉米需要施很多次肥，当玉米长得太高时，农民不方便在玉米间穿梭，这个叫 Rowbot 的机器人正好可以帮上忙。Rowbot 的身形细长，正好可以在两排高高的玉米中来去自如。Rowbot 还能通过机器人的视觉系统，分析玉米的状态，给需要的玉米施肥。

自主性

高

在玉米地中穿行时，Rowbot 通过 GPS 和激光雷达等确定自己的位置。

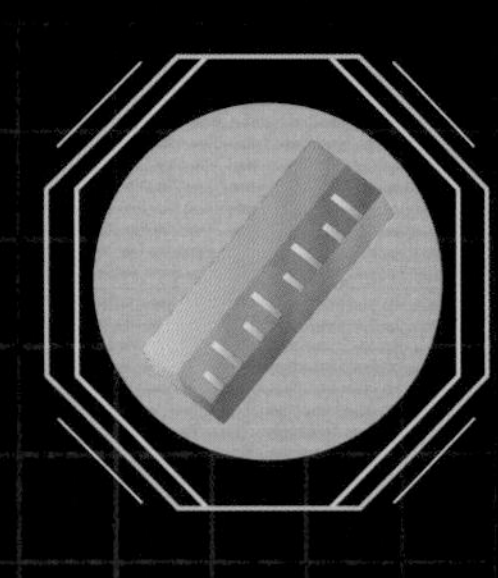

大小

Rowbot 只有 60 厘米宽，窄窄的身形让 Rowbot 可以在成排的玉米之间来去自如（两排玉米一般相距 76 厘米）。

“一箭三雕”

Rowbot 会在合适的时间给玉米的根部喷洒肥料，减少肥料的浪费，这样不仅可以为农民省钱，减少对环境的危害，最重要的是，还能提高玉米的产量，可谓是“一箭三雕”。

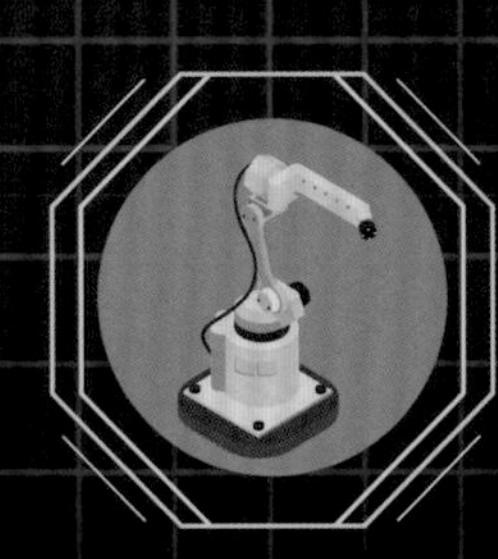

制造商

Rowbot 由 Rowbot System 有限公司制造。

自动水果收割机

仔细想一想，采摘水果还真是门技术活儿。首先，你需要找到水果的位置，然后要确认水果是否成熟，最后轻轻地摘下水果，还不能损坏水果和植物。我们能够很快地找到采摘水果的窍门，但是对于机器人来说就很困难。

摘草莓喽！

草莓采摘机不用碰到草莓果实，只要把草莓的茎割断就可以了。

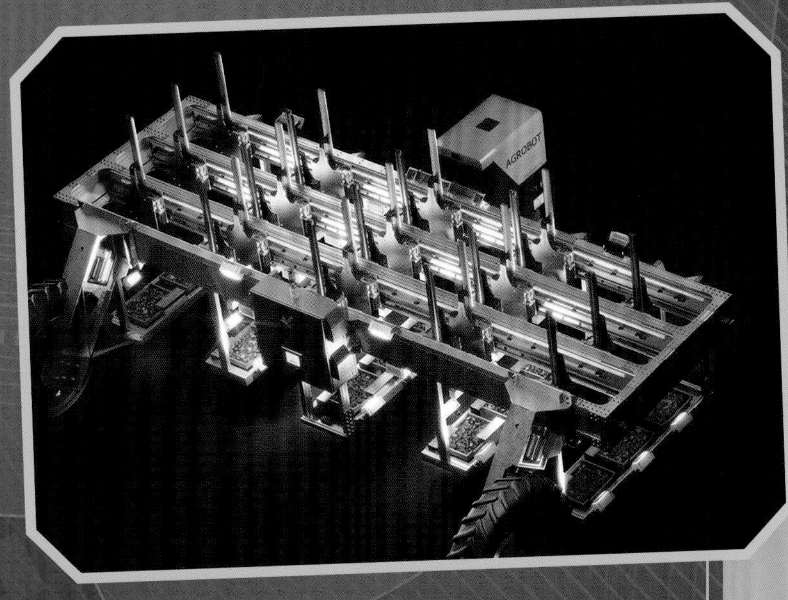

<<<<<

全自动草莓采摘机器人 Agrobot

Agrobot 路过一排排草莓，用它的机械臂把草莓采摘下来。

如果采摘水果对机器人很难的话，为什么工程师还要让机器人去做呢？因为采摘水果是一件非常累的活儿，而且每年采摘水果的时间不固定，很难预测需要多少人、什么时候采摘，有时候水果还没来得及采摘就坏了。

工程师给机器人装了一个计算机学习系统，这样机器人就可以知道自己要摘什么。有的机器人安装了精密的夹持器，可以轻柔地夹住水果并摘下来；还有的机器人安装了吸盘，可以把水果吸住并摘下来。

无人驾驶卡车

长途驾驶是一份非常枯燥的工作，很多司机都不愿意长途驾驶，所以运输公司很难找到合适的司机。无人驾驶卡车将掀起一场运输业的革命。

对机器人来说，在高速公路上长途行驶是很容易的，但是在拥挤的城市街道里穿梭，并把货物运到指定地点就很困难。很多专家设想，在城市的外围建设中转枢纽，无人驾驶卡车会在那里卸载货物，工人完成最后的城市运输，把货物从中转枢

无人驾驶卡车将彻底改变运输业。

>>>>

纽送到城市的商店、餐厅和工厂。这样货车司机的工作就能得到大大改善，他们有更多的时间和家人在一起，工作时间也更有规律。

这只是未来无人驾驶卡车的一种可能性方案，还有另一种方案——司机远程控制无人驾驶卡车，引导无人驾驶卡车驶过复杂多变的路段，或让无人机把小型货物直接送到人们面前。

无人驾驶的短途卡车

沃尔沃公司研发了一款名叫 Vera 的电动车。Vera 是一款无人驾驶的短途卡车，可以在货运站内搬运货物。

巡检机器人

遥控车辆已经被用于检查建筑物、桥梁等基础设施，机器人可以在人类无法到达的地方检查煤气管道、输电线网、热力系统、通风系统和空调管网。虽然这些巡检机器人看上去很智能，但它们并不是自动化的。

瞧，研究人员正在测试这个外形像蛇的巡检机器人！

>>>>

这个遥控的巡检机器人在大桥的拉索上爬上爬下，检查拉索有没有损坏。

一小群无人机在特定区域里飞行，不断地检查桥梁、天桥、隧道等。在不久的将来，这类设备都会实现自动化。从很多方面看，机器人比人类更适合当巡检员。一旦机器人知道要找什么，只要目标存在，机器人肯定会找到。即使是肉眼无法观察到的小裂缝、小问题，也逃不过机器人的眼睛。

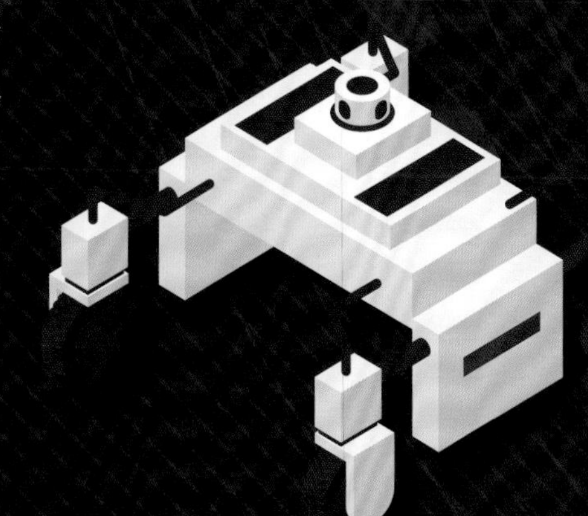

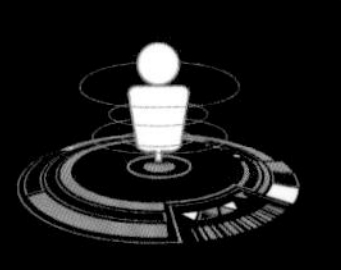

“你好，我叫

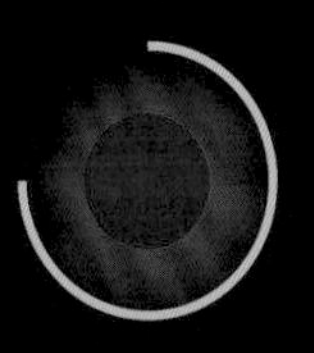

Air-Cobot！”

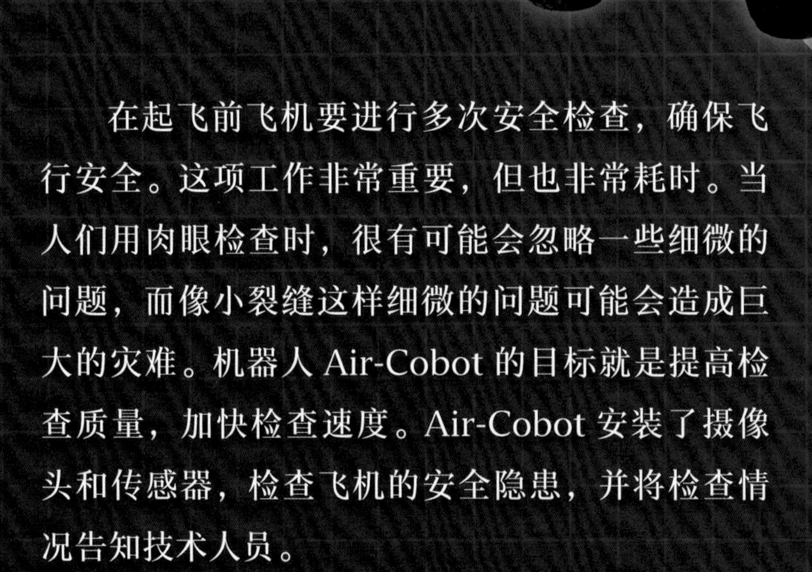

在起飞前飞机要进行多次安全检查，确保飞行安全。这项工作非常重要，但也非常耗时。当人们用肉眼检查时，很有可能会忽略一些细微的问题，而像小裂缝这样细微的问题可能会造成巨大的灾难。机器人 Air-Cobot 的目标就是提高检查质量，加快检查速度。Air-Cobot 安装了摄像头和传感器，检查飞机的安全隐患，并将检查情况告知技术人员。

自主性

高

Air-Cobot 会自行对飞机进行安全检查。当 Air-Cobot 发现飞机有安全问题时，就会提醒技术人员。如果需要充电或维护，Air-Cobot 会自己返回机库。

大小

145 厘米 ×80 厘米 ×120 厘米。

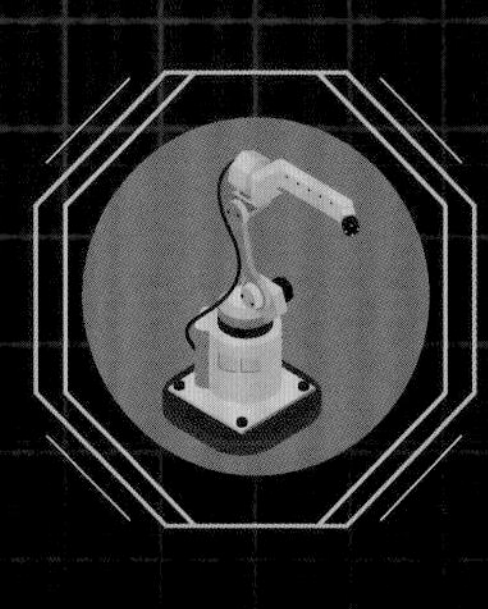

制造商

Air-Cobot 由位于法国的 AKKA Technologies 公司制造。

合作愉快！

Air-Cobot 主要在机场工作。Air-Cobot 的身上安装了传感器，在移动和执行任务中可以感应到障碍物（比如行李车、工作人员）。Air-Cobot 会把检查报告存储到共享数据库中，技术人员可以对比各架飞机的情况。工程师还打算让 Air-Cobot 和无人机并肩作战，检查飞机的上方。

送货机器人

有的公司正在研究送货的轮式机器人，这种送货机器人可以在人行道上快速“行走”，运送包裹，当它到达目的地，收货人可以凭收货码或扫码获取包裹；还有的公司正在研发双足机器人，这种机器人可以像我们一样自如地穿梭在城市街道，自己上下楼，给人送货物；比起人力运输，无人机运送小型包裹的成本更低、速度更快……将来，给我们送东西的机器人会有各式各样的运动方式——走路、滚动，甚至飞，这些机器人把货物直接送到我们家或公司。

Starship 是个小型机器人。看，它正走在人行道上给人送外卖呢！

术语表

回转关节：一种机械关节，一个部件相对于另一个部件可以旋转或扭转。

平移关节：一种机械关节，其中一个部件可以沿着轨道朝里外的方向移动。

机械臂：一个复杂的系统，包括机械性的手臂和灵巧手两部分，操作灵活。

直角坐标型机器人：运动自由度成空间直角坐标关系、工作空间为长方体的机器人。

桁架式机器人：与直角坐标型机器人类似，在一边或两边的水平轴上额外装有轨道，这些轨道可以支撑机器人的重量。

并联机器人：手臂含有组成闭环结构的杆件的机器人。

采矿机器人：帮助人类在各种有毒、有害和危险环境下进行采矿工作的机器人。

全球定位系统：英文简称为“GPS”，一种具有全方位、全天候、全时段、高精度的卫星导航系统，能提供三维位置、速度和精确定时等导航信息。

机器视觉系统：计算机学科的一个重要分支，利用机器代替人眼做各种测量和判断。

农业机器人：用于农业的机器人。

夹持器：抓取和握持用到的末端执行器。

巡检机器人：用于巡检的机器人。

送货机器人：用于物流、送餐等的机器人。

致谢

本书出版商由衷地感谢以下各方：

Cover © Kirill Makarov, Shutterstock
4-5 © Noppawat Tom Charoensinphon, Getty Images; © Praphan Jampala, Shutterstock
6-7 © Josep Curto, Shutterstock
8-9 National Institute of Standards and Technology; © Gamma-Keystone/Getty Images
10-11 © FANUC; © Andrei Kholmov, Shutterstock
12-13 © Tecnowey
14-15 Public Domain; Hirata Robotics GmbH (licensed under CC BY-SA 3.0 DE)
16-17 Humanrobo (licensed under CC BY-SA 3.0)
18-19 © Ndoeljindoel/Shutterstock
20-21 © Alexander Tolstykh, Shutterstock
22-23 © Rethink Robotics
24-25 AGV Expert JS (licensed under CC BY-SA 3.0); Carmenter (licensed under CC BY-SA 4.0)
26-27 © Nataliya Hora, Shutterstock
28-29 © Tomas Westermark, Boliden; © Christian Sprogoe Photography/Rio Tinto
30-31 © Caterpillar
32-33 © CNH Industrial America; © Ruslan Ivantsov, Shutterstock
34-35 © Rowbot Systems
36-37 © Agrobot
38-39 © Otto; © Volvo Trucks
40-41 Charles Buynak, U.S. Air Force; Doug Thaler (licensed under CC BY-SA 4.0)
42-43 © AKKA Technologies
44-45 © Starship Technologies